内蒙古低碳发展系列丛书

内蒙古自治区
重点排放单位碳排放管理
要点解读

内蒙古自治区生态环境低碳发展中心　主编

中国环境出版集团·北京

图书在版编目（CIP）数据

内蒙古自治区重点排放单位碳排放管理要点解读 / 内蒙古自治区生态环境低碳发展中心主编 . —北京：中国环境出版集团，2023.12

（内蒙古低碳发展系列丛书）

ISBN 978-7-5111-5684-6

Ⅰ. ①内…　Ⅱ. ①内…　Ⅲ. ①二氧化碳—废气排放量—污染控制管理—研究—内蒙古　Ⅳ. ① X510.6

中国国家版本馆 CIP 数据核字（2023）第 223647 号

出 版 人　武德凯
责任编辑　易　萌
封面设计　彭　杉

出版发行　中国环境出版集团
（100062　北京市东城区广渠门内大街 16 号）
网　　址：http: //www.cesp.com.cn
电子邮箱：bjgl@cesp.com.cn
联系电话：010-67112765（编辑管理部）
010-67112739（第三分社）
发行热线：010-67125803，010-67113405（传真）

印　　刷　北京中科印刷有限公司
经　　销　各地新华书店
版　　次　2023 年 12 月第 1 版
印　　次　2023 年 12 月第 1 次印刷
开　　本　880 × 1230　1/32
印　　张　3
字　　数　50 千字
定　　价　22.00 元

编写委员会

主　任：王一岭

主　编：和小平　马志明　陈　宇

副主编：刘　楠　胡敬韬　律严励

编　委：李秋萍　张兆成　王嫣然　邵润蛟
李维伦　张少华　樊　冲　杨　帆
马玉波　梁守政　王　福　石慧龙
张　泽　行　安

参　编：康志文　赞　丹　齐利枝　那双星
娄艺增　朱舒蕾　侯秉臻　刘彩霞
图雅日拉　白麓楠　宋珊珊　赵　娟
谢　斐　胡　静　薛晨玥　刘璟瑢

FOREWORD 前言

2020 年 9 月，中国宣布二氧化碳排放力争于 2030 年前达到峰值，努力争取 2060 年前实现“碳中和”的目标，是以习近平同志为核心的党中央经过深思熟虑作出的重大战略决策，事关中华民族永续发展和人类社会可持续发展，是建设美丽中国、实现中华民族伟大复兴的内在要求，也是积极应对气候变化、推动构建人类命运共同体的客观需要。

全国碳排放权交易市场是我国利用市场机制控制和减少温室气体排放，推动绿色低碳发展的一项制度创新，也是落实我国“碳达峰、碳中和”的核心政策工具。2021 年 7 月 16 日，全国碳排放权交易市场正式启动上线交易，我国成为全球覆盖温室气体排放量规模最大的碳市场。

内蒙古自治区作为国家重要能源和战略资源基地，在保障国家能源安全、畅通经济大循环上具有十分重要的地位。2022 年，内蒙古自治区电力总装机达 1.73 亿 kW，新能源装机达 6 500 万 kW，外送电量达 2 640 亿 kW·h，内蒙古自治区外送电量占全国的1/6。位于祖国正北方的内蒙古自治区，已成为国家重要的电力能源基地及输出基地。在落实国家能源保供任务的同时，火电行业的碳排放量也十分巨大，落实国家碳排放权交易、实现市场化碳减排的压力与日俱增。

内蒙古自治区生态环境低碳发展中心根据国家碳交易主管部门发布的《企业温室气体排放核算方法与报告指南　发电设施》（2022年修订版）、生态环境部发布的《企业温室气体排放报告核查指南（试行）》，结合内蒙古自治区的实际情况，为进一步规范核查技术服务机构开展核查工作，发电行业控排企业温室气体排放核算与核查报告管理工作，发电行业排放企业温室气体排放报告、核查报告及相关数据的复查工作，特编制了《内蒙古自治区重点排放单位碳排放管理要点解读》。

本书规定了纳入全国碳排放权交易市场的发电设施的温室气体排放核算边界和排放源确定、化石燃料燃烧排放核算要求、购入电力排放核算要求、生产数据核算要求、数据质量控制计划、数据质量管理要求、定期报告要求和信息公开要求等；重点排放单位温室气体排放报告的核查原则和依据、核查程序和要点等内容；发电行业控排企业温室气体排放报告和核查报告的复查依据、复查原则、复查流程和复查要点等。为内蒙古自治区各级碳排放主管部门、各重点排放单位在工作中提供参考，指导碳排放核算核查工作更加准确、高效地开展，对提高内蒙古自治区重点排放单位碳排放数据质量具有积极作用。

本书在编撰过程中，中国环境出版集团提出了宝贵意见，内蒙古自治区生态环境厅应对气候变化与国际合作处各位专家与领导也给予了大力支持，提供了大量的宝贵资料，丰富和完善了本书内容，在此一并深表感谢。

由于涉及学科面广，受时间、知识水平所限，难免有疏漏之处，敬请读者批评指正。

莫晓莲

2023 年 6 月 12 日

C O N T E N T S **目录**

内蒙古自治区发电设施温室气体排放核算和报告管理规程（试行）

1 编制目的

根据《企业温室气体排放核算方法与报告指南 发电设施》（2022年修订）（以下简称《指南》），结合内蒙古自治区实际情况，为了进一步规范发电行业控排企业温室气体排放核算与报告管理工作，特编制《内蒙古自治区发电设施温室气体排放核算和报告管理规程（试行）》。

本规程规定了纳入全国碳排放权交易市场的发电设施的温室气体排放核算边界和排放源、化石燃料燃烧排放核算要求、购入电力排放核算要求、生产数据核算要求、数据质量控制计划、数据质量管理要求、定期报告要求和信息公开要求等。

本规程内容引用了下列文件或其中的条款。凡是不注明日期的引用文件，其有效版本适用于本规程。

GB/T 211　煤中全水分的测定方法

GB/T 212　煤的工业分析方法

GB/T 213　煤的发热量测定方法

GB/T 214　煤中全硫的测定方法

GB 474　煤样的制备方法

GB 475　商品煤样人工采取方法

GB/T 476	煤中碳和氢的测定方法
GB/T 483	煤炭分析试验方法一般规定
GB/T 4754	国民经济行业分类
GB/T 8984	气体中一氧化碳、二氧化碳和碳氢化合物的测定　气相色谱法
GB/T 11062	天然气　发热量、密度、相对密度和沃泊指数的计算方法
GB/T 13610	天然气的组成分析　气相色谱法
GB 17167	用能单位能源计量器具配备和管理通则
GB/T 19494.1	煤炭机械化采样　第 1 部分：采样方法
GB/T 19494.2	煤炭机械化采样　第 2 部分：煤样的制备
GB/T 19494.3	煤炭机械化采样　第 3 部分：精密度测定和偏倚试验
GB 21258	常规燃煤发电机组单位产品能源消耗限额
GB/T 21369	火力发电企业能源计量器具配备和管理要求
GB/T 25214	煤中全硫测定　红外光谱法
GB/T 27025	检测和校准实验室能力的通用要求
GB/T 30732	煤的工业分析方法　仪器法

GB/T 30733	煤中碳氢氮的测定　仪器法
GB/T 31391	煤的元素分析
GB/T 32150	工业企业温室气体排放核算和报告通则
GB/T 32151.1	温室气体排放核算与报告要求　第1部分：发电企业
GB 35574	热电联产单位产品能源消耗限额
GB/T 35985	煤炭分析结果基的换算
DL/T 567.8	火力发电厂燃料试验方法　第8部分：燃油发热量的测定
DL/T 568	燃料元素的快速分析方法
DL/T 904	火力发电厂技术经济指标计算方法
DL/T 1030	煤的工业分析　自动仪器法
DL/T 1365	名词术语　电力节能
DL/T 2029	煤中全水分测定　自动仪器法

2　核算边界和排放源确定

2.1　核算边界

核算边界为发电设施，主要包括燃烧系统、汽水系统、电气系统、控制系统和除尘及脱硫脱硝等装置的集合，不包括厂区内其他辅助生产系统以及附属生产系统。发电设施核算边界如图 1 中虚线框内所示。

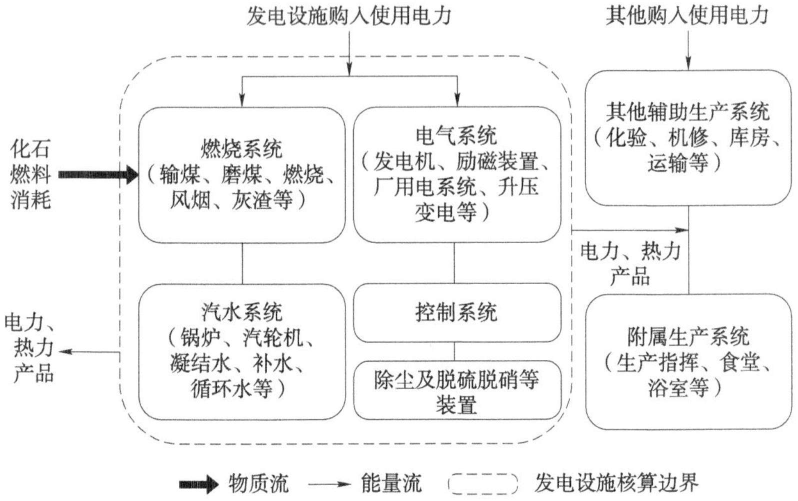

图 1　核算边界示意图

2.2　排放源

发电设施温室气体排放核算和报告范围包括化石燃料燃烧产生的二氧化碳排放、购入使用电力产生的二氧化碳排放。

1）化石燃料燃烧产生的二氧化碳排放一般包括发电锅炉（含启动锅炉）、燃气轮机等主要生产系统消耗的化石燃料燃烧产生的二氧化碳排放，以及脱硫脱硝等装置使用化石燃料加热烟气的二氧化碳排放，不包括应急柴油发电机组、移动源、食堂等其他设施消耗化石燃料产生的二氧化碳排放。对于掺烧化石燃料的生物质发电机组、垃圾（含污泥）焚烧发电机组等产生的二氧化碳排放，仅统计燃料中化石燃料的二氧化碳排放，并应计算掺烧化石燃料热量年均占比。

2）购入使用电力产生的二氧化碳排放是指购入电力消耗所对应的电力生产环节产生的二氧化碳间接排放。

3　化石燃料燃烧排放核算要求

3.1　化石燃料消耗量

化石燃料燃烧排放量的计算公式参照《指南》6.1 中的内容。

3.1.1　测定标准与优先顺序

化石燃料消耗量应根据重点排放单位用于生产所消耗的能源实际测量值来确定，能源消耗统计应符合现行国家标准《常规燃煤发电机组单位产品能源消耗限额》（GB 21258）和现行行业标准《火力发电厂技术经济指标计算方法》（DL/T 904）的有关要求，不包括非生产使用的、基建和技改等项目建设的、副产品综合利用使用的消耗量。燃煤消耗量应优先采用经校验合格后的皮带秤或耐压式计量给煤机的入炉煤测量数值。不具备入炉煤测量条件的，应根据每日或每批次入厂煤盘存测量数值统计消耗量，并报告说明未采用入炉煤测量值的原因。燃油、燃气消耗量应至少每月测量一次。

根据《指南》的要求，化石燃料消耗量应按照以下优先级顺序选取，在之后各个核算年度的数据获取中优先顺序不应降低：

1）生产系统记录的计量数据；

2）购销存台账中的消耗量数据；

3）供应商结算凭证的购入量数据。

3.1.2 关注重点

测量仪器的标准应符合现行国家标准《用能单位能源计量器具配备和管理通则》（GB 17167）的相关规定。轨道衡、皮带秤、汽车衡等计量器具的准确度等级应符合现行国家标准《火力发电企业能源计量器具配备和管理要求》（GB/T 21369）的相关规定，并确保在有效的检验周期内。皮带秤须实煤或循环链码校验的应每旬一次，无实煤校验装置的应利用其他已检定合格的衡器至少每季度对皮带秤进行实煤计量比对。若自行校验需确认校验条件（人员、设备、规范）等是否符合要求。确认燃油品种，需与发票、合同、报表等对应。

（1）不采用入炉煤消耗量原因

若采用入厂煤消耗量数据需在核算报告中说明不采用入炉煤消耗量的原因。

（2）不采用生产系统记录、购销存台账数据原因

若采用供应商提供的结算凭证数据需在核算报告中说明不采用生产系统记录、购销存台账数据的原因。

（3）数据统计、汇总及记录保存

化石燃料燃烧数据的获取来源不同，因此需记录和提供的证据材料也会有所不同，以燃煤为例，应做好以下数据记录：

1）生产系统记录的计量数据。明确入炉煤的消耗量数据统计流程。

a. 入炉煤的消耗量以皮带秤为准还是以煤机计量数据为准，多台机组由一条输煤皮带上煤，以皮带秤计量数据为准的情况下，燃煤消耗量如何分机组。

b. 计量设备数据是每班统计还是每天统计（或其他频次）。

c. 计量设备读数是人工抄录于纸质统计表中还是系统

自动抓取。

d. 原始数据收集后形成何种统计报表。

重点排放单位需要证明所提供数据的可验证性：

a. 保留并提供月报数据纸质原始记录。

b. 提供生产日报 / 台账 / 原始记录纸质记录，与月报数据不一致的，需说明实际情况。

c. 因重点排放单位实行电子化管理无法提供纸质原始记录的，需说明实际情况，并提供相应的材料证明确实没有纸质记录，如可通过影像资料证明数据记录汇总过程的确全程电子化，并应确保排放报告所涉及数据的原始记录和管理台账应至少保存 5 年，不允许系统记录存在无法追溯的情况。对于月度数据，必须提供纸质原始记录，如实际管理中没有，需说明实际情况，并从次月开始重点排放单位内部需增设相应纸质台账记录。

2）购销存台账中的消耗量数据。明确记录燃煤购销存（消耗量 = 期初库存 + 进厂煤量 − 期末库存）煤量的统计流程。采用购销存数据，需要如实记录库存数据、购销煤数据，不应存在人为的数据调整。库存应按照相关标准和要求，至少每月盘点，购销数据应优先采用进出厂的计量数据，并使用供应商结算数据进行比对验证。同时，要确保消耗量数据与实验室数据状态的一致性。

重点排放单位需要证明所提供数据的可验证性：

a. 保留并提供月报纸质记录。

b. 购销存台账，购煤明细与磅单 / 结算凭证 / 发票等原始记录，购煤量与购煤明细数据不一致的，需说明实际情况。

c. 库存与盘煤报告核对是否一致。

d. 以上内容均需要保留纸质材料备查，纸质材料需由负责人员签字确认，因重点排放单位实行电子化管理无法提供纸质原始记录的，需说明实际情况，并提供相应的材料证明确实没有纸质记录，如可通过影像资料证明数据记录汇总过程的确全程电子化，并应确保系统可按照《指南》规定的年限保留相应的记录，不允许系统记录存在无法追溯的情况。对于月度数据，必须提供纸质原始记录，如实际管理中没有，需说明实际情况，并从次月开始重点排放单位内部需增设相应纸质台账记录。

3）供应商结算凭证的购入量数据。若采用购入量数据，燃煤采购明细表 / 入厂过磅台账 / 结算凭证清单 / 结算发票清单，需清晰记录每批次燃煤的购买量、进厂时间等，能根据时间或编号等信息与原始凭证对应，入厂过磅台账 / 结算凭证清单 / 结算发票清单需留存待查；入炉煤量统计、购销存煤量统计、财务口径煤量统计、上报统计局口径煤量统计提供待查。

3.2 元素碳含量

3.2.1 测定标准与频次

燃煤元素碳含量等相关参数的测定采用表 1 所列的方法标准。重点排放单位可自行检测或委托外部有资质的检测机构 / 实验室进行检测。

表 1 燃煤相关项目 / 参数的检测方法标准

<table>
<tr><th>序号</th><th colspan="2">项目 / 参数</th><th>标准名称</th><th>标准编号</th></tr>
<tr><td rowspan="2">1</td><td rowspan="2">采样</td><td>人工采样</td><td>商品煤样人工采取方法</td><td>GB 475</td></tr>
<tr><td>机械采样</td><td>煤炭机械化采样 第 1 部分：采样方法</td><td>GB/T 19494.1</td></tr>
<tr><td rowspan="2">2</td><td rowspan="2">制样</td><td>人工制样</td><td>煤样的制备方法</td><td>GB 474</td></tr>
<tr><td>机械制样</td><td>煤炭机械化采样 第 2 部分：煤样的制备</td><td>GB/T 19494.2</td></tr>
<tr><td rowspan="6">3</td><td rowspan="6">化验</td><td rowspan="2">全水分</td><td>煤中全水分的测定方法</td><td>GB/T 211</td></tr>
<tr><td>煤中全水分测定 自动仪器法</td><td>DL/T 2029</td></tr>
<tr><td rowspan="3">水分、灰分、挥发分</td><td>煤的工业分析方法</td><td>GB/T 212</td></tr>
<tr><td>煤的工业分析方法 仪器法</td><td>GB/T 30732</td></tr>
<tr><td>煤的工业分析 自动仪器法</td><td>DL/T 1030</td></tr>
<tr><td>发热量</td><td>煤的发热量测定方法</td><td>GB/T 213</td></tr>
</table>

续表

序号	项目 / 参数		标准名称	标准编号
3	化验	全硫	煤中全硫的测定方法	GB/T 214
			煤中全硫测定　红外光谱法	GB/T 25214
		碳	煤中碳和氢的测定方法	GB/T 476
			煤中碳氢氮的测定　仪器法	GB/T 30733
			燃料元素的快速分析方法	DL/T 568
			煤的元素分析	GB/T 31391
4	基准换算	—	煤炭分析试验方法一般规定	GB/T 483
		—	煤炭分析结果基的换算	GB/T 35985

注：应优先采用恒容低位发热量，并在各统计期保持一致。

燃煤元素碳含量可采用以下方式之一获取，并确保采样、制样、化验和换算符合表 1 所列的方法标准。

（1）每日检测

采用每日入炉煤检测数据加权计算得出入炉煤月度平均收到基元素碳的含量，权重为每日入炉煤消耗量。

（2）每批次检测

采用每月各批次入厂煤检测数据加权计算得出入厂煤月度平均收到基元素碳含量，权重为每批次入厂煤接收量。

（3）每月缩分样检测

每日采集入炉煤缩分样品，每月将获得的日缩分样品合并混合，用于检测其元素碳含量。合并混合前，每个缩分样品的质量应与该入炉煤原煤量的质量成正比，且与基准保持一致，使合并后的入炉煤缩分样品混合样相关参数值为各入炉煤相关参数的加权平均值。

燃煤元素碳含量应于每次样品采集后的40个自然日内完成该样品检测并出具报告，报告应同时包括样品的元素碳含量、低位发热量、氢含量、全硫、水分等参数的检测结果。此报告中的低位发热量测试结果不用于元素碳含量参数计算，仅用于数据可靠性的对比分析和验证。

燃煤元素碳含量检测报告应由通过中国计量认证（CMA）认定或中国合格评定国家认可委员会（CNAS）认可且认可项包括元素碳含量的检测机构/实验室出具，检测报告应盖有CMA资质认定标志或CNAS认可标识章。

煤质分析中的元素碳含量应为收到基状态。如果实测的元素碳含量为干燥基或空气干燥基分析结果，应采用表1所列的方法标准转换为收到基元素碳含量。重点排放单位应保存不同基转换涉及水分等数据的可信原始记录。

燃油、燃气的元素碳含量应至少每月检测，可自行检测或委托外部有资质的检测机构/实验室进行检测。对于天然气等气体燃料，元素碳含量的测定应符合现行国家标准《天然气的组成分析　气相色谱法》（GB/T 13610）和《气体中一氧化碳、二氧化碳和碳氢化合物的测定　气相色谱法》（GB/T 8984）的相关要求，根据每种气体组分的体积分数及该组分化学分子式中碳原子的数目计算元素碳含量。如果某月有大于一次的元素碳含量实测数据，宜取算术平均值计算该月数值。

3.2.2 关注重点

（1）确保燃料消耗量数据与实验室数据状态的一致性

如入炉煤量对应入炉煤元素碳含量，购销存消耗量对应入厂煤元素碳含量，（不同煤种 / 燃煤、生物质燃料）掺混后计量的煤量对应掺混后采样检测的元素碳含量，掺混前计量的煤量对应掺混前采样检测的元素碳含量。

（2）监测与计算

1）采用入炉煤，应每日检测。采用每日入炉煤检测数据加权计算得出入炉煤月度平均收到基元素碳含量，权重为每日入炉煤消耗量。

2）采用购销存，应每批次检测，采用每月各批次入厂煤检测数据加权计算得出入厂煤月度平均收到基元素碳含量，权重为每批次入厂煤接收量。

3）若上述无法满足，采用每月缩分样品检测，需每日采集入炉煤缩分样品，每月将获得的日缩分样品合并混合，用于检测其元素碳含量。注意入厂煤需每批次检测，不得采用缩分样品检测，缩分样品检测结果不符合《指南》要求。同时应注意缩分样品周期与消耗量和低位发热量的统计周期是否对应，如上月 26 日至本月 25 日制备形成的缩分样品与按自然月统计的消耗量、低位发热量数据不对应。缩分样品制备需按照《指南》要求的周期进行，否则可能导致实测数据不予采纳。

（3）数据换算问题

注意应采用的数据为收到基元素碳含量，若为空干基或干燥基等数据应依据表 1 进行换算，其中收到基水分和空干基水分采用重点排放单位每日测量值的月度加权平均值，确认换算过程及结果无误。水分检测需按照《指南》要求的方法及频次进行，否则可能导致实测数据不予采纳。

（4）采样、制样、化验

采样、制样、化验等环节，需提供清晰的流程说明和操作记录，相应的记录需操作人员签名存档，化验人员需提供相应的资质证书或培训上岗记录等。如某些环节实现自动化操作，应确保系统可按照《指南》规定的年限保留相应的记录，不允许系统记录存在无法追溯的情况。如为委托外部检测，需保留委托、送样、付费、报告等各环节相应的记录、单据、票据等，不允许存在某个环节无法追溯的情况。

（5）校准检定

所有化验设备应按照《指南》的要求进行校准检定，并保留校准检定证书或记录，确保有效期覆盖核算周期。

3.3 低位发热量等参数

3.3.1 测定标准与频次

燃煤低位发热量、全水分、内水、氢含量、硫含量等参数的测定采用表 1 所列的方法标准。重点排放单位可自行检测或委托外部有资质的检测机构 / 实验室进行检测。

燃煤收到基低位发热量的测定应与燃煤消耗量数据获取状态（入炉煤或入厂煤）一致。应优先采用每日入炉煤检测数值，不具备入炉煤检测条件的，可采用每日或每批次入厂煤检测数值。已有入炉煤检测设备设施的重点排放单位，不应改用入厂煤检测结果。

燃煤的年度平均收到基低位发热量由月度平均收到基低位发热量加权平均计算得到，其权重是燃煤月消耗量。入炉煤月度平均收到基低位发热量由每日（班）所耗燃煤的收到基低位发热量加权平均计算得到，其权重是每日（班）入炉煤消耗量。入厂煤月度平均收到基低位发热量由每批次平均收到基低位发热量加权平均计算得到，其权重是该月每批次入厂煤接收量。当某日或某批次燃煤收到基低位发热量无实测值时，或测定方法均不符合表 1 的要求时，该日或该批次的燃煤收到基低位发热量应取生态环境部发布的最新数值。

燃油、燃气的低位发热量应至少每月检测，可自行检测或委托外部有资质的检测机构 / 实验室进行检测，分别符合现行行业标准《火力发电厂燃料试验方法　第 8 部分：燃油发热量的测定》（DL/T 567.8）和现行国家标准《天然气的组成分析　气相色谱法》（GB/T 13610）的相关要求。燃油、燃气的年度平均低位发热量由每月平均低位发热量加权平均计算得到，其权重为每月燃油、燃气消耗量。无实测值时采用供应商提供的检测报告中的数据，或采用《指南》规定的各燃料品种对应的缺省值。

3.3.2　关注重点

（1）确保实验室数据与消耗量数据状态的一致性

如入炉煤量应对应入炉煤热值，购销存消耗量对应进厂煤热值，（不同煤种 / 燃煤、生物质燃料）掺混后计量的煤量对应掺混后采样检测的热值，掺混前计量的煤量对应掺混前采样检测的热值。

（2）检测标准与要求

燃煤检测需符合现行国家标准《煤的发热量测定方法》（GB/T 213）的要求，确定量热仪按规定周期检定，保存校准记录 / 检定记录，记录检定校准单位、日期、证书编号。

硫含量检测需符合现行国家标准《煤中全硫的测定方法》（GB/T 214）或《煤中全硫测定　红外光谱法》（GB/T 25214）的相关要求，确定红外光谱仪、分析天平、马弗炉等仪器设备按规定周期检定，保存校准记录 / 检定记录，记录检定校准单位、日期、证书编号。

氢含量检测需符合现行国家标准《煤中碳和氢的测定方法》（GB/T 476）的相关要求，确定碳和氢测定仪等仪器设备按规定周期检定，保存校准记录 / 检定记录，记录检定校准单位、日期、证书编号。

全水分的检测需符合现行国家和行业相关标准的要求[《煤中全水分的测定方法》（GB/T 211）或《煤中全水分测定　自动仪器法》（DL/T 2029）]，内水的检测需符合现行国家和行业相关标准的要求 [《煤的工业分析方法》（GB/T 212）或《煤中碳氢氮的测定　仪器法》（GB/T 30733）或《煤的工业分析　自动仪器法》（DL/T 1030）]，确定相应仪器设备按规定周期检定，保存校准记录 / 检定记录，记录检定校准单位、日期、证书编号。

燃气的元素碳含量至少每月检测，应符合现行国家标准《天然气的组成分析　气相色谱法》（GB/T 13610）和《气体中一氧化碳、二氧化碳和碳氢化合物的测定　气相色谱法》（GB/T 8984）的相关要求，根据每种气体组分的体积分数及该组分化学分子式中碳原子的数目计算元素碳含量。如果某月多于一次的元素碳含量实测数据，宜取算术平均值计算该月数值。

（3）数据转换问题

注意应采用的数据为收到基数据，若为空干基或干燥基等数据应参考表 1 进行换算。

确认仪器检测发热量最原始结果单位是 GJ/t（或其他焦耳单位）还是 kcal/kg（或其他大卡单位），需记录并统计仪器检测发热量最原始结果，如原始结果单位为 kcal/kg，需根据 4.186 8 热功当量系数进行换算。

（4）数据一致性问题

确保原始化验记录 / 后台检测数据与煤质检测台账数据的一致性，除了低位发热量，相关参数如水分、硫分、氢含量等也应一致；若数据不一致的，需说明实际情况。

（5）采样、制样、化验

采样、制样、化验等环节，需提供清晰的流程说明和操作记录，相应记录需操作人员签名存档，化验人员需提供相应的资质证书或培训上岗记录等。如某些环节实现自动化操作，应确保系统按照《指南》规定的年限保留相应的记录，不允许系统记录存在无法追溯的情况。如为委托外部检测，需保留委托、送样、付费、报告等环节相应的记录、单据、票据等，不允许存在某个环节无法追溯的情况。

（6）校准检定

所有化验设备应按照《指南》的要求进行校准检定，并保留校准检定证书或记录，确保有效期覆盖核算周期。

3.4 单位热值含碳量

燃煤未开展元素碳实测或实测不符合要求的，单位热值含碳量应取生态环境部发布的最新数值。

燃油、燃气的单位热值含碳量应至少每月检测一次，可委托外部有资质的检测机构 / 实验室进行检测。无实测值时采用供应商提供的检测报告中的数据，或采用《指南》规定的各燃料品种对应的缺省值。

3.5 碳氧化率

燃煤的碳氧化率取 99%。燃油和燃气的碳氧化率采用《指南》规定的各燃料品种对应的缺省值。

4 购入电力排放核算要求

4.1 监测与获取优先顺序

购入使用电力的活动数据按下列优先顺序获取：

1）根据电表记录的读数统计。

2）供应商提供的电费结算凭证上的数据。

电网排放因子根据生态环境部发布的最新数值取值。

4.2 关注重点

（1）数据的可验证性

重点排放单位需要证明提供数据的可验证性：

1）保留并提供月报纸质记录。

2）提供生产日报 / 台账 / 原始记录纸质记录，与月报数据不一致的，需说明实际情况。

3）如因重点排放单位实行电子化管理无法提供纸质原始记录，需说明实际情况，并提供相应的材料证明确实没有纸质记录，如可通过影像资料证明数据记录汇总过程的确全程电子化，并应确保系统按照《指南》规定的年限保留相应的记录，不允许系统记录存在无法追溯的情况。对于月度数据，必须提供纸质原始记录，如实际管理中没有纸质原始记录，需说明实际情况，并从次月开始重点排放单位内部需增设相应纸质台账记录。

（2）自备电厂外购电

建议区分主营产品生产厂区及自备电厂的外购电力，无直接计量则可能涉及估算或分摊，应充分说明估算依据并记录分摊计算过程，要有核验计算相关基础数据的统计报表和原始记录。

（3）核算周期

外购电力核算周期尽可能与其他生产数据保持一致。如根据电表记录，需尽量保证与其他生产数据核算周期一致；如根据结算电量，则以电网要求为准。

（4）校准检定

所有外购电力计量电能表应按照《指南》的要求进行校准检定，并保留校准检定证书或记录，确保有效期覆盖核算周期。

5 生产数据核算要求

5.1 发电量和供电量

发电量是指统计期内从发电机端输出的总电量，采用计量数据。供电量是指统计期内发电设施的发电量减去与生产有关的辅助设备的消耗电量，按以下计算方法获取：

1）对于纯凝发电机组，供电量为发电量与生产厂用电量之差，采用式（5-1）计算：

$$W_{gd}=W_{fd}-W_{cy} \tag{5-1}$$

式中：W_{gd}——供电量，MW·h；

W_{fd}——发电量，MW·h；

W_{cy}——生产厂用电量，MW·h。

2）对于热电联产机组，供电量为发电量与发电厂用电量之差，采用式（5-2）计算。如出现月度生产厂用电量大于发电量的情形，不适用式（5-3），当月供电量计为0。

$$W_{gd}=(W_{fd}-W_{dcy}) \tag{5-2}$$

$$W_{dcy}=(W_{cy}-W_{rcy})\times(1-a) \tag{5-3}$$

式中：W_{gd}——供电量，MW·h；

W_{fd}——发电量，MW·h；

W_{dcy}——发电厂用电量，MW·h；

W_{cy}——生产厂用电量，MW·h；

W_{rcy}——供热专用的厂用电量，指纯热网用的厂用电量，如热网循环泵等只与供热有关的设备用电量，MW·h（当无供热专用厂用电量计量时，该值可取0）；

a——供热比，%。

5.1.1 数据的监测与获取

发电量、供电量和生产厂用电量应根据重点排放单位电表记录的读数获取或计算，并符合现行行业标准《火力发电厂技术经济指标计算方法》（DL/T 904）和《名词术语 电力节能》（DL/T 1365）等的相关要求。

发电设施的发电量和供电量不包括应急柴油发电机的发电量。如果存在应急柴油发电机所发的电力供给发电机组消耗的情形，那么应急柴油发电机所发电量应计入生产厂用电量，在计算供电量时予以扣除。

除尘及脱硫脱硝装置消耗电量均应计入生产厂用电量，不区分委托运营或合同能源管理等形式的差异。

属于下列情况之一的，不计入生产厂用电量的计算：

1）新设备或大修后设备的烘炉、暖机、空载运行的电量；

2）新设备在未正式移交生产前的带负荷试运行期间消耗的电量；

3）计划大修以及基建、更改工程施工所用电量；

4）发电机作调相机运行时消耗的电量；

5）厂外运输用自备机车、船舶等消耗的电量；

6）输配电用的升压、降压变压器（不包括厂用变压器）、变波机、调相机等消耗的电量；

7）非生产用（修配车间、副业、综合利用等）的电量。

5.1.2 关注重点

（1）数据的可验证性

重点排放单位需要证明所提供数据的可验证性：

1）保留并提供月报纸质记录。

2）提供生产日报 / 台账 / 纸质原始记录，与月报数据不一致的，需说明实际情况。

3）因重点排放单位实行电子化管理无法提供纸质原始记录的，需说明实际情况，并提供相应的材料证明确实没有纸质记录，如可通过影像资料证明数据记录汇总过程的确全程电子化，并应确保排放报告所涉及数据的原始记录和管理台账应至少保存 5 年，不允许系统记录存在无法追溯的情况。对于月度数据，必须提供纸质原始记录。

（2）供电量、生产厂用电量核算

供电量和生产厂用电量应根据重点排放单位电表记录的读数获取或计算，并应符合现行行业标准《火力发电厂技术经济指标计算方法》（DL/T 904）和《名词术语　电力节能》（DL/T 1365）等的相关要求。其中注意供电量的计算方法，应以生产厂用电量为准，而不是综合生产厂用电量。热电联产机组需考虑发电、供热专用生产厂用电和共用生产厂用电，其中共用生产厂用电可根据供热比进行拆分。涉及计算、拆分等情况的，重点排放单位需说明计算、拆分等的方法。如月度生产厂用电大于发电量，则该月供电量为0。

（3）校准检定

所有发电、生产厂用电计量电能表应按照《指南》的要求进行校准检定，并保留校准检定证书或记录，确保有效期覆盖核算周期。

5.2 供热量

5.2.1 数据的监测与获取

对外供热是指向除发电设施汽水系统（除氧器、低压加热器、高压加热器等）之外的热用户供出的热量。

如果重点排放单位供热存在回水，计算供热量时应扣减回水热量。

蒸汽及热水温度、压力数据按以下优先顺序获取：

1）计量或控制系统的实际监测数据，宜采用月度算术平均值，或运行参数范围内经验值；

2）相关技术文件或运行规程规定的额定值。

供热量数据应每月进行计量并记录，年度值为每月数据累计之和，按以下优先顺序获取：

1）直接计量的热量数据；

2）结算凭证上的数据。

5.2.2 关注重点

（1）数据的可验证性

重点排放单位需要证明所提供数据的可验证性：

1）保留并提供月报纸质记录。

2）提供生产日报 / 台账 / 纸质原始记录，与月报数据不一致的，需说明实际情况。

3）因重点排放单位实行电子化管理无法提供纸质原始记录的，需说明实际情况，并提供相应的材料证明确实没有纸质记录，如可通过影像资料证明数据记录汇总过程的确全程电子化，并应确保系统可按照《指南》规定的年限保留相应的记录，不允许系统记录存在无法追溯的情况。对于月度数据，必须提供纸质原始记录，如实际管理中没有纸质原始记录，需说明实际情况，并从次月开始重点排放单位内部需增设相应纸质台账记录。

（2）监测与计算

鼓励有条件的重点排放单位对供热量进行直接计量监测，如无法实现，可对蒸汽量进行计量监测并换算成热量。监测计量优先采用供热/汽端数据，而非用热/汽端数据。

重点排放单位应提供实际的蒸汽平衡图，确保供热量不重复计算以及不漏算。

重点排放单位如有冷凝水回收，供热量的计算中需考虑扣减此部分热量。

蒸汽的焓值取值需要根据实际情况确定，优先采用计量或控制系统的实际监测数据，重点排放单位应定期监测和记录蒸汽的温度、压力等运行参数。

（3）校准检定

所有供热、蒸汽计量表应按照《指南》的要求进行校准检定，并保留校准检定证书或记录，确保有效期覆盖核算周期。

5.3 供热比

5.3.1 数据的监测与获取

供热比的 4 种来源以及针对不同来源的供热比，相关参数的计量，监测要求等应参照《指南》9.3 中的内容。

锅炉产热量、汽轮机组耗热量和供热量等相关参数的监测与获取参考现行行业标准《火力发电厂技术经济指标计算方法》（DL/T 904）等的要求。

相关参数按以下优先顺序获取：

1）生产系统记录的实际运行数据；

2）结算凭证上的数据；

3）相关技术文件或铭牌规定的额定值。

5.3.2 关注重点

（1）数据的可验证性

重点排放单位需要证明所提供数据的可验证性：

1）保留并提供月报纸质记录。

2）提供生产日报 / 台账 / 纸质原始记录，与月报数据不一致的，需说明实际情况。

3）因重点排放单位实行电子化管理无法提供纸质原始记录的，需说明实际情况，并提供相应的材料证明确实没有纸质记录，如可通过影像资料证明数据记录汇总过程的确全程电子化，并应确保系统可按照《指南》规定的年限保留相应的记录，不允许系统记录存在无法追溯的情况。对于月度数据，必须提供纸质原始记录，如实际管理中没有纸质原始记录，需说明实际情况，并从次月开始重点排放单位内部需增设相应纸质台账记录。

（2）监测与计算

重点排放单位应提供实际的蒸汽平衡图，详细描述供热比的计算方法。应对锅炉产热量或汽轮机热耗量等相关参数进行监测和记录，参考《指南》以及现行行业标准《火力发电厂技术经济指标计算方法》（DL/T 904）等进行供热比的计算。

（3）校准检定

所有产热、蒸汽计量表应按照《指南》的要求进行校准检定，并保留校准检定证书或记录，确保有效期覆盖核算周期。

5.4 供电煤（气）耗和供热煤（气）耗

5.4.1 数据的监测与获取

相关参数按以下优先顺序获取：

1）重点排放单位生产系统的实测数据；

2）相关设备设施的设计值 / 标称值。

5.4.2 关注重点

（1）数据的可验证性

重点排放单位需要证明所提供数据的可验证性：

1）保留并提供月报纸质记录。

2）提供生产日报/台账/纸质原始记录，与月报数据不一致的，需说明实际情况。

3）因重点排放单位实行电子化管理无法提供纸质原始记录的，需说明实际情况，并提供相应的材料证明确实没有纸质记录，如可通过影像资料证明数据记录汇总过程的确全程电子化，并应确保系统可按照《指南》规定的年限保留相应的记录，不允许系统记录存在无法追溯的情况。对于月度数据，必须提供纸质原始记录，如实际管理中没有纸质原始记录，需说明实际情况，并从次月开始重点排放单位内部需增设相应纸质台账记录。

（2）监测与计算

重点排放单位应参考《指南》以及现行行业标准《火力发电厂技术经济指标计算方法》（DL/T 904）等进行供电煤（气）耗和供热煤（气）耗的计算，不可采用经验系数或其他方式确定参数。

5.5 运行小时数和负荷（出力）系数

5.5.1 数据的监测与获取

运行小时数和负荷（出力）系数按以下优先顺序获取：

1）重点排放单位生产系统数据；

2）重点排放单位统计报表数据。

5.5.2 关注重点

（1）数据的可验证性

重点排放单位需要证明所提供数据的可验证性：

1）保留并提供月报纸质记录。

2）提供生产日报 / 台账 / 纸质原始记录，与月报数据不一致的，需说明实际情况。

3）因重点排放单位实行电子化管理无法提供纸质原始记录的，需说明实际情况，并提供相应的材料证明确实没有纸质记录，如可通过影像资料证明数据记录汇总过程的确全程电子化，并应确保系统可按照《指南》规定的年限保留相应的记录，不允许系统记录存在无法追溯的情况。对于月度数据，必须提供纸质原始记录，如实际管理中没有纸质原始记录，需说明实际情况，并从次月开始重点排放单位内部需增设相应纸质台账记录。

（2）监测与计算

重点排放单位应参考《指南》以及现行行业标准《火力发电厂技术经济指标计算方法》（DL/T 904）等进行运行小时数和负荷（出力）系数的计算，合并填报机组需加权计算。

6 数据质量控制计划

6.1 数据质量控制计划的内容

重点排放单位应按照《指南》中的各类数据监测与获取要求，结合现有测量能力和条件，制订数据质量控制计划，并参照《指南》附录 B 中的格式要求进行填报。数据质量控制计划中所有数据的计算方式与获取方式应符合《指南》的要求。

数据质量控制计划应包括以下内容：

1）数据质量控制计划的版本及修订情况。

2）重点排放单位情况：重点排放单位基本信息、主营产品、生产工艺、组织机构图、厂区平面分布图、工艺流程图等。

3）按照《指南》确定的实际核算边界和主要排放设施情况：核算边界的描述，设施名称、类别、编号、位置情况等。

4）数据的确定方式：所有活动数据、排放因子和生产数据的计算方法，数据获取方式，相关测量设备信息（如测量设备的名称、型号、位置、测量频次、精度和校准频次等），数据缺失处理，数据记录及管理信息等内容。测量设备精度及设备校准频次要求应符合相应计量器具配备要求。

5）数据内部质量控制和质量保证相关规定：数据质量控制计划的制订、修订以及执行等管理程序，人员指定情况，内部评估管理，数据文件归档管理程序等。

6.2　数据质量控制计划的修订

重点排放单位在以下情况下应对数据质量控制计划进行修订，修订内容应符合实际情况并满足《指南》的要求：

1）排放设施发生变化或使用计划中未包括的新燃料或物料而产生的排放；

2）采用新的测量仪器和方法，使数据的准确度提高；

3）发现之前采用的测量方法所产生的数据不正确；

4）发现更改计划可提高报告数据的准确度；

5）发现计划不符合《指南》核算和报告的要求；

6）生态环境部明确规定的其他需要修订的情况。

6.3 数据质量控制计划的执行

重点排放单位应严格按照数据质量控制计划实施温室气体的测量活动，并符合以下要求：

1）发电设施基本情况与计划描述一致；

2）核算边界与计划中的核算边界和主要排放设施一致；

3）所有活动数据、排放因子和生产数据能够按照计划实施测量；

4）测量设备得到了有效的维护和校准，维护和校准能够符合计划、核算标准、国家要求、地区要求或设备制造商的要求，否则应采取符合保守原则的处理方法；

5）测量结果能够按照计划中规定的频次记录；

6）数据缺失时的处理方式能够与计划一致；

7）数据内部质量控制和质量保证程序能够按照计划实施。

7 数据质量管理要求

重点排放单位应加强发电设施温室气体数据质量管理

工作，包括但不限于：

1）建立温室气体排放核算和报告的内部管理制度和质量保障体系，包括明确负责部门及其职责、具体工作要求、数据管理程序、工作时间节点等。指定专职人员负责温室气体排放核算和报告工作。

2）委托检测机构/实验室检测燃煤元素碳含量、低位发热量等参数时，应确保被委托的检测机构/实验室通过CMA认定或CNAS认可，且认可项包括燃煤元素碳含量、低位发热量，其出具的检测报告应盖有CMA或CNAS标识章。受委托的检测机构/实验室不具备相关参数检测能力的、检测报告不符合规范要求的或不能证实报告载明信息可信的，检测结果不予认可。检测报告应载明收到样品时间、样品对应的月份、样品测试标准、收到样品重量和样品测试结果对应的状态（收到基、干燥基或空气干燥基）。

3）应保留检测机构/实验室出具的检测报告及相关材料备查，包括但不限于样品送检记录、样品邮寄单据、检测机构委托协议及支付凭证、咨询服务机构委托协议及支付凭证等。

4）积极改进自有实验室管理，满足现行国家标准《检测和校准实验室能力的通用要求》（GB/T 27025）对人员、设施和环境条件、设备、计量溯源性、外部提供的产品和服务等资源的规定，确保使用适当的方法和程序开展取样、检测、记录和报告等实验室活动。鼓励重点排放单位对燃煤样品的采样、制样和化验的全过程采用影像等可视化手段，保存原始记录备查。因相关记录管理和保存不善或缺失，而导致元素碳含量或燃煤低位发热量数据无法采信的，应选取《指南》中规定的缺省值等保守方式处理。

5）所有涉及《指南》中元素碳含量、低位发热量检测的煤样，应留存日综合煤样和月缩分煤样一年备查。煤样的保存应符合现行国家标准《煤样的制备方法》（GB 474）或《煤炭机械化采样　第2部分：煤样的制备》（GB/T 19494.2）中的相关要求。

6）定期对计量器具、检测设备和测量仪表进行维护管理，并记录存档。

7）建立温室气体数据内部台账管理制度。台账应明确数据来源、数据获取时间及填报台账的相关责任人等信息。排放报告所涉及数据的原始记录和管理台账应至少保存5年，确保相关排放数据可被追溯。委托的检测机构/实验室应同时符合《指南》和资质认可单位的相关规定。

8）建立温室气体排放报告内部审核制度。定期对温室气体排放数据进行交叉校验，对可能产生的数据误差风险进行识别，并提出相应的解决方案。

9）规定了优先顺序的各参数，应按照规定的优先级顺序选取，在之后各核算年度的获取优先顺序不应降低。

10）相关参数未按照《指南》的要求测量或获取时，采用生态环境部发布的相关参数值核算其排放量。

11）鼓励有条件的重点排放单位加强样品自动采集与分析技术应用，采取创新技术手段，加强原始数据防篡改管理。

8 定期报告要求

重点排放单位应在每月结束后的40个自然日内，按照生态环境部的要求在报送平台存证该月的活动数据、排放因子、生产相关信息和必要的支撑材料，并于每年3月31日前按照《指南》的要求编制提交上一年度的排放报告，包括基本信息、机组及生产设施信息、活动数据和排放因子、生产相关信息、支撑材料等温室气体排放及相关信息。企业温室气体排放报告参照《指南》附录C中的格式要求进行填报。

8.1 重点排放单位基本信息

重点排放单位应报告重点排放单位名称、统一社会信用代码、排污许可证编号等基本信息。

8.2 机组及生产设施信息

重点排放单位应报告每台机组的燃料类型、燃料名称、机组类型、装机容量、汽轮机排汽冷却方式，以及锅炉、汽轮机、发电机、燃气轮机等主要生产设施的名称、编号、型号等相关信息。

8.3 活动数据和排放因子

重点排放单位应报告化石燃料消耗量、元素碳含量、低位发热量（如涉及）、单位热值含碳量（如涉及）、机组购入使用电量和电网排放因子数据。

8.4 生产相关信息

重点排放单位应报告发电量、供电量、供热量、供热比、供电煤（气）耗、供热煤（气）耗、运行小时数、负荷（出力）系数、供电碳排放强度、供热碳排放强度等数据。

8.5 支撑材料

重点排放单位应在排放报告中说明各项数据的来源并报送相关支撑材料，支撑材料应与各项数据的来源一致，并符合《指南》和前文中关于数据记录台账的要求，其中月度支撑材料和每日电子支撑材料必须提交系统，其他每日支撑材料及其他原始记录可每月随机选取提交系统。

报送提交的原始检测记录中应明确显示检测依据（方法标准）、检测设备、检测人员和检测结果。对于外检报告，除提交检测报告外，还需提交检测机构资质、范围等证明文件，以及委托、送样、付费、报告等各环节相应的记录、单据、票据等。

对于支撑材料无法直接验证的数据和参数，重点排放单位均需提供相关的换算、计算等过程说明。可能涉及计算过程的，如供电量、供热量、供热比、供电煤（气）耗、供热煤（气）耗、运行小时数、负荷（出力）系数需提供计算过程说明；对于元素碳含量、低位发热量等可能涉及换算及加权平均计算的，需提供换算及计算过程说明。

支撑材料需对排放报告中所有信息、参数完全验证一致。

对于重点排放单位基本信息、生产设施信息、活动数据和排放因子、生产相关信息存在变更及其他需要说明的，需提供相应的情况说明。

9 信息公开要求

重点排放单位应按照生态环境部和内蒙古自治区生态环境厅的相关要求，接受社会监督，公开相关信息。

内蒙古自治区控排企业
温室气体排放报告核查规范
（试行）

1 编制目的

根据国家碳交易主管部门发布的《企业温室气体排放报告核查指南（试行）》（以下简称《核查指南》），结合内蒙古自治区的实际情况，为了进一步规范核查技术服务机构开展核查工作，特编制《内蒙古自治区控排企业温室气体排放报告核查规范（试行）》（以下简称《规范》）。

2 适用范围

《规范》依据生态环境部《核查指南》，结合内蒙古自治区的实际情况，对重点排放单位温室气体排放报告的核查原则和依据、核查程序和要点等内容进行了规定，适用于内蒙古自治区及各盟市生态环境主管部门组织对重点排放单位温室气体排放报告及相关数据的核查工作，对重点排放单位以外的其他企业或经济组织的温室气体排放报告核查工作可参考《规范》执行。

3 核查原则和依据

重点排放单位温室气体排放报告的核查应遵循客观独立、诚实守信、公平公正、专业严谨的原则，依据以下文件规定开展：

——《碳排放权交易管理办法（试行）》

——《企业温室气体排放报告核查指南（试行）》

——生态环境部制定的温室气体排放核算方法与报告指南

——生态环境部相关工作要求

——现行国家和行业相关标准和技术规范

4 核查程序和要点

4.1 核查程序

核查程序包括核查安排、核查准备、文件评审、现场核查、核查其他内容、出具核查结论、复查评审、告知核查结果、异议复核、保存核查记录和信息公开，核查工作流程图见附件 1。

4.1.1　核查安排

内蒙古自治区及各盟市生态环境主管部门组织开展核查工作，具体的任务落实可以分配至各盟市。内蒙古自治区及各盟市生态环境主管部门直属机构可根据管理需要自主组织开展核查、复查工作。

通过政府购买服务的方式委托技术服务机构开展核查工作，要求技术服务机构建立有效的风险防范机制、完善的内部质量管理体系和适当的公正性保证措施，确保核查工作公平公正、客观独立地开展。技术服务机构不应开展以下活动：

——向重点排放单位提供碳排放配额计算、咨询或管理服务；

——接受任何对核查活动的客观公正性产生影响的资助、合同条款或其他形式的服务或产品；

——参与碳资产管理、碳交易的活动，或与从事碳咨询和碳交易的单位存在资产和管理方面的利益关系，如隶属同一个上级机构等；

——与被核查的重点排放单位存在资产和管理方面的利益关系，如隶属同一个上级机构等；

——为被核查的重点排放单位提供有关温室气体排放

和减排、监测、测量、报告和校准的咨询服务；

——与被核查的重点排放单位共享管理人员，或在3年之内曾在彼此机构内相互受聘过的管理人员；

——使用存在利益冲突的核查人员，如3年之内与被核查重点排放单位存在雇佣关系或为被核查的重点排放单位提供过温室气体排放或碳交易的咨询服务等；

——宣称或暗示如果接受指定的咨询或培训服务，对重点排放单位排放报告的核查将更为简单、容易等。

另外，技术服务机构应切实履职到位，确保核查报告结论真实可靠，避免核查工作走过场。不应出现以下现象：

——报告中的人员与实际参与核查的人员不一致；将核查业务层层转包，出现“代签”“挂名”等现象。

——核查工作走过场。工作流于形式，未充分核实数据及文件的真实性、准确性；仅查阅了企业提供的现成数据和资料，未充分核实数据及文件的完整性。如未核实核算边界的合法合规性，对企业排放报告中存在的机组“应纳未纳”，检测报告造假等明显问题“视而不见”，对企业将煤质关键参数缺省值改为实测值等重大变化履职不到位，未对环境影响报告书、排污许可证等重要参考文件进行核实等。

——核查程序不合规。如在企业未编制排放报告的情况下进行文件评审和现场核查，未按照规定的检查流程开展现场核查工作等。

——伪造投标文件人员工作业绩违规获得核查项目。

4.1.2 核查准备

技术服务机构根据分配的核查任务、进度安排等因素拟定核查计划，建立一个或多个核查技术工作组和现场核查组开展工作。

在核查工作实施前技术服务机构向生态环境主管部门报送核查计划，核查报告所报送的文件评审人员及现场核查人员应与实际参与具体核查工作的人员保持一致，不可出现“挂名”现象，若有调整应及时报备。

核查技术工作组至少由 2 名成员组成，其中 1 名为负责人，至少 1 名成员具备被核查的重点排放单位所在行业的专业知识和工作经验。技术工作组负责人应充分考虑重点排放单位所在的行业领域、工艺流程、设施数量、规模与场所、排放特点、核查人员的专业背景和实践经验等方面的因素，确定成员的任务分工。

现场核查组应至少由 2 名成员组成。为了确保核查工作的连续性，现场核查组的成员原则上应为核查技术工作组的成员。对核查人员调配存在困难的，现场核查组的成员可以与核查技术工作组的成员不同。

4.1.3 文件评审

文件评审不得在重点排放单位未提交温室气体排放报告的情况下进行。技术工作组应根据《企业温室气体排放核算与报告指南　发电设施》（以下简称《核算报告指南》）中相应行业的规定、相关技术规范，对重点排放单位提交的排放报告及数据质量控制计划等支撑材料进行文件评审，初步确认重点排放单位的温室气体排放量和相关信息的符合情况，识别现场核查重点，提出现场核查时间，需访问的人员，需观察的设施、设备或操作，以及需查阅的支撑文件等现场核查要求，并分别填写完成文件评审表（附件 2）和现场核查清单（附件 3）。

技术工作组可根据核查工作需要，调阅重点排放单位提交的相关支撑材料，如组织机构图、厂区分布图、工艺流程图、设施台账、生产日志、监测设备和计量器具台账、支撑报送数据的原始凭证，以及数据内部质量控制和质量保证相关文件和记录等。

技术工作组应将重点排放单位存在的以下情况作为文件评审重点：

——投诉举报企业温室气体排放量和相关信息存在的问题；

——日常数据监测发现企业温室气体排放量和相关信息存在的异常情况；

——上级生态环境主管部门转办交办的其他有关温室气体排放的事项。

4.1.4 现场核查

现场核查的目的是根据现场核查清单收集相关证据和支撑材料。

（1）现场核查准备

现场核查组应按照现场核查清单做好准备工作，明确核查任务重点、组内人员分工、核查范围和路线，准备核查所需要的装备，如现场核查清单、记录本、交通工具、通信器材、录音录像器材、现场采样器材等。

现场核查组应于现场核查前 3 个工作日通知重点排放单位做好准备工作，同时告知生态环境主管部门，以便同步开展对核查机构的评估工作。

（2）现场核查

现场核查不得在重点排放单位未提交温室气体排放报告的情况下进行。现场核查组可采用查、问、看、验等方法开展工作。

查：查阅相关文件和信息，包括原始凭证、台账、报表、图纸、会计账册、专业技术资料、科技文献等；保存证据时可保存文件和信息的原件，如保存原件有困难，可保存复印件、扫描件、打印件、照片或视频录像等，必要时，可附文字说明。

问：询问现场工作人员，应多采用开放式提问，获取更多关于核算边界、排放源、数据监测以及核算过程等信息。

看：查看现场排放设施和监测设备的运行，包括现场观察核算边界、排放设施的位置和数量、排放源的种类以及监测设备的安装、校准和维护情况等。

验：通过重复计算来验证计算结果的准确性，或通过抽取样本、重复测试来确认测试结果的准确性等。

现场核查组应充分验证现场收集证据的真实性，确保其能满足核查的需要。对于煤质化验第三方检测报告等关键证据，必须查验原件，对于关键参数由缺省值改为实测值等重大变化，需重点关注并核实。

现场核查组应在现场核查工作结束后的 2 个工作日内，向技术工作组提交填写完成的现场核查清单。

（3）不符合项

技术工作组应在收到现场核查清单后的 2 个工作日内，对现场核查清单中未取得有效证据、不符合《核查指南》

要求及未按数据质量控制计划执行等情况，在不符合项清单（附件4）中“不符合项描述”一栏如实记录，并要求重点排放单位采取整改措施。

重点排放单位应在收到不符合项清单后的5个工作日内，填写完成不符合项清单中“整改措施及相关证据”一栏，连同相关证据材料一并提交技术工作组。技术工作组应对不符合项的整改进行书面验证，必要时可采取现场验证的方式。

4.1.5 核查其他内容

除《核查指南》要求关注的内容外，如果出现重点排放单位在文件审查和现场核查过程中拒绝履行温室气体排放报告义务等其他情况，技术服务机构应向当地生态环境主管部门报告。

4.1.6 出具核查结论

技术工作组应根据以下要求出具核查结论（附件5）并提交内蒙古自治区及各盟市生态环境主管部门：

——对于未提出不符合项的，技术工作组应在现场核查结束后的5个工作日内填写完成核查结论。

——对于提出不符合项的，技术工作组应在收到重点排放单位提交不符合项清单中“整改措施及相关证据”一栏内容后的5个工作日内填写完成核查结论。如果重点排放单位未在规定时间内完成对不符合项的整改，或整改措施不符合要求，技术工作组应根据《核算报告指南》与生态环境部公布的缺省值，按照保守原则测算排放量及相关数据，并填写完成核查结论。

——对于经生态环境主管部门同意不实施现场核查的，技术工作组应在主管部门作出不实施现场核查决定后的5个工作日内，填写完成核查结论。

4.1.7 复查评审

生态环境主管部门根据工作需要，对技术服务机构提交的核查成果及支撑材料开展书面或现场复查。

4.1.8 告知核查结果

生态环境主管部门应将核查结论告知重点排放单位。

4.1.9 异议复核

重点排放单位对核查结果有异议的，可在被告知核查结论之日起7个工作日内，通过全国碳排放数据报送和监管系统—管理端向当地生态环境主管部门申请复核，并报送纸质复核申请书。内蒙古自治区及各盟市生态环境主管部门对企业提交的申请资料在5个工作日内出具初步意见，内蒙古自治区及各盟市生态环境主管部门组织复核并出具复核意见。如重点排放单位在被告知核查结论之前已存在异议，也应该按照核查结论完成报告提交工作，但可同时附上异议情况说明，并在被告知核查结论后提出异议复核。

受理复核申请的情况一般包括以下几点：

1）核查报告存在明显错误的。

2）技术服务机构在核查过程中违反了国家和内蒙古自治区相关规定的。

3）对于《核算报告指南》及国家尚未明确的问题存在异议的。

驳回复核申请的情况一般包括以下几点：

1）重点排放单位私自降低核算数据优先级的。

2）重点排放单位提供相互矛盾的数据，如燃煤热值先后提供缺省值和实测值，供热比提供不同算法导致排放量或配额计算差异等。

3）重点排放单位未在数据质量控制计划中注明数据为实测，或核查过程中未提供实测数据，但事后要求采纳实测数据的。

4）企业提供的核算数据无法完整溯源的。

4.1.10 保存核查记录

内蒙古自治区及各盟市生态环境主管部门应以安全和保密的方式保管核查的全部书面（含电子）文件至少 5 年。

技术服务机构应将核查过程的所有记录、支撑材料、内部技术评审记录等进行归档并保存至少 10 年。

4.1.11 信息公开

内蒙古自治区及各盟市生态环境部门向社会公开重点排放单位的有关信息和核查（复查）机构的考核评价结果。

4.2 核查要点

4.2.1 文件评审要点

4.2.1.1 重点排放单位基本情况

技术工作组应通过查阅重点排放单位的营业执照、组织机构代码证、机构简介、组织结构图、工艺流程说明、排污许可证、能源统计报表、原始凭证等文件确认以下信息的真实性、准确性及与数据质量控制计划的符合性：

——重点排放单位名称、单位性质、所属国民经济行业类别、统一社会信用代码、法定代表人、地理位置、联系人、联系方式等基本信息。

——重点排放单位内部组织结构、主要产品或服务、生产工艺流程、使用的能源品种及年度能源统计报告等情况。

——是否存在生产经营发生变化的情况。

4.2.1.2　核算边界

技术工作组应查阅组织机构图、厂区平面图、标记排放源输入与输出的工艺流程图及工艺流程描述、固定资产管理台账、主要用能设备清单并查阅可行性研究报告及批复、相关环境影响评价报告及批复、排污许可证、承包合同、租赁协议等，确认以下信息的符合性：

——核算边界是否与相应行业的《核算报告指南》及数据质量控制计划一致。

——纳入核算和报告边界的排放设施和排放源是否完整。

——与上一年度相比，核算边界是否存在变更等。

核查技术工作组应对重点排放单位提交的相关支撑材料进行核实，避免出现“应纳未纳”的情况，并核实核算边界的合法性和合规性。

4.2.1.3　核算方法

技术工作组应确认重点排放单位在报告中使用的核算方法是否符合相应行业《核查指南》的要求，对任何偏离《核查指南》的核算方法都应判断其合理性，并在文件评审表和核查结论中说明。

4.2.1.4 核算数据

技术工作组应重点查证核实以下4类数据的真实性、准确性和可靠性。

（1）活动数据

技术工作组应依据《核算报告指南》，对重点排放单位排放报告中的每个活动数据的来源及数值进行核查。核查的内容应包括活动数据的单位、数据来源、监测方法、监测频次、记录频次、数据缺失处理等。对支撑数据样本较多，需采用抽样进行验证的，应考虑抽样方法、抽样数量及样本的代表性。

如果活动数据的获取使用了监测设备，技术工作组应确认监测设备是否得到了维护和校准，维护和校准是否符合《核算报告指南》和数据质量控制计划的要求。技术工作组应确认因设备校准延迟而导致的误差是否根据设备的精度或不确定度进行了处理，以及处理的方式是否会低估排放量或过量发放配额。

针对《核算报告指南》中规定的可以自行检测或委托外部实验室检测的关键参数，技术工作组应确认重点排放单位是否具备测试条件，是否依据《核算报告指南》建立内部质量保证体系并按规定留存样品。如果不具备自行测试的条件，委托的外部实验室是否有CMA资质认定标志或 CNAS 的认可标识章，检测报告是否完整载明了《核查指南》中特别要求的内容。查阅样品送检记录、邮寄单据、与检测机构签订的委托协议等证据，核实证据与检测报告内容的一致性。

技术工作组应将每个活动数据与其他数据来源进行交叉核对，其他数据来源可包括燃料购买合同、能源台账、月度生产报表、购售电发票、供热协议及报告、化学分析报告、能源审计报告等，若活动数据为单一数据来源，无法进行交叉核对，应作出说明。

（2）排放因子

技术工作组应依据《核查指南》和数据质量控制计划对重点排放单位排放报告中的每个排放因子的来源及数值进行核查。

对于采用缺省值的排放因子，技术工作组应确认与《核查指南》中的缺省值一致。

对于采用实测方法获取的排放因子，技术工作组至少应对排放因子的单位、数据来源、监测方法、监测频次、记录频次、数据缺失处理（如适用）等内容进行核查，对支撑数据样本较多需采用抽样进行验证的，应考虑抽样方法、抽样数量及样本的代表性。对于通过监测设备获取的排放因子数据，及按照《核查指南》由重点排放单位自行检测或委托外部实验室检测的关键参数，技术工作组应采取与活动数据同样的核查方法。在核查过程中，技术工作组应将每个排放因子数据与其他数据来源进行交叉核对，其他数据来源包括化学分析报告、政府间气候变化专门委员会（IPCC）缺省值、省级温室气体清单编制指南中的缺省值等。

（3）排放量

技术工作组应对排放报告中排放量的核算结果进行核查，通过验证排放量计算公式是否正确、排放量的累加是否正确、排放量的计算是否可再现等方式确认排放量的计算结果是否正确。通过对比以前年份的排放报告，分析生产数据和排放数据的变化和波动情况，论证排放量是否合理等。

（4）生产数据

技术工作组依据《核查指南》和数据质量控制计划对每个生产数据进行核查，并与数据质量控制计划规定之外的数据源进行交叉验证。核查内容应包括数据的单位、数据来源、监测方法、监测频次、记录频次、数据缺失处理等。对生产数据样本较多需采用抽样进行验证的，应考虑抽样方法、抽样数量及样本的代表性。

4.2.1.5 质量保障和文件存档

技术工作组应对重点排放单位的质量保障和文件存档

执行情况进行核查：

——是否建立了温室气体排放核算和报告的规章制度，包括负责机构和人员、工作流程和内容、工作周期和时间节点等。

——是否指定了专职人员负责温室气体排放核算和报告工作。

——是否定期对计量器具、监测设备进行维护管理；维护管理记录是否已存档。

——是否建立健全温室气体数据记录管理体系，包括数据来源、数据获取时间及相关责任人等信息的记录管理；是否形成碳排放数据管理台账记录并定期报告，确保排放数据可追溯。

——是否建立温室气体排放报告内部审核制度，定期对温室气体排放数据进行交叉校验，对可能产生的数据误差风险进行识别，并提出相应的解决方案。

4.2.1.6　数据质量控制计划及执行

（1）数据质量控制计划

技术工作组应从以下几个方面确认数据质量控制计划是否符合《核查指南》的要求：

1）版本及修订。

技术工作组应确认数据质量控制计划的版本和发布时

间与实际情况是否一致。如有修订，应确认修订满足以下情况之一或符合相关《核算报告指南》的规定。

——因排放设施发生变化或使用新的燃料、物料产生了新的排放；

——采用新的测量仪器和测量方法，提高了数据的准确度；

——发现按照原数据质量控制计划的监测方法核算出的数据不准确；

——发现修订数据质量控制计划可提高报告数据的准确度；

——发现数据质量控制计划不符合《核算报告指南》的要求；

——生态环境部明确的其他需要修订的情况。

2）重点排放单位情况。

技术工作组可通过查阅其他平台或相关文件中的信息源（如国家企业信用信息公示系统、能源审计报告、可行性研究报告、环境影响评价报告、排污许可证、环境管理体系评估报告、年度能源和水统计报表、年度工业统计报表及年度财务审计报告）等方式确认数据质量控制计划中重点排放单位的基本信息、主营产品、生产设施信息、组织机构图、厂区平面分布图、工艺流程图等相关信息的真实性和完整性。

3）核算边界和主要排放设施描述。

技术工作组可采用查阅对比文件（如企业设备台账）等方式确认排放设施的真实性、完整性及核算边界是否符合相关要求。

4）数据的确定方式。

技术工作组应对核算所需要的各项活动数据、排放因子和生产数据的计算方法、单位、数据获取方式、相关监测设备信息、数据缺失时的处理方式等内容进行核查，并确认：

——是否对参与核算所需要的各项数据都确定了获取方式，各项数据的单位是否符合《核算报告指南》的要求；

——各项数据的计算方法和获取方式是否合理且符合《核算报告指南》的要求；

——数据获取过程中涉及的测量设备的型号、位置是否属实；

——监测活动涉及的监测方法、监测频次、监测设备的精度和校准频次等是否符合《核算报告指南》及相应的监测标准的要求；

——数据缺失时的处理方式是否按照保守性原则确保不会低估排放量或过量发放配额。

5）数据内部质量控制和质量保证相关规定。

技术工作组应通过查阅支撑材料和以下管理制度文件，对重点排放单位内部质量控制和质量保证相关规定进行核查，确认相关制度安排合理、可操作并符合《核算报告指南》的要求。

——数据内部质量控制和质量保证相关规定。

——数据质量控制计划的制订、修订、内部审批及数据质量控制计划执行等方面的管理规定。

——人员的指定情况，内部评估及审批规定。

——数据文件的归档管理规定等。

（2）数据质量控制计划执行

技术工作组应结合上述 4.2.1.1～4.2.1.5 的核查要求，从以下几个方面核查数据质量控制计划的执行情况：

——重点排放单位基本情况是否与数据质量控制计划中的报告主体描述一致。

——年度报告的核算边界和主要排放设施是否与数据质量控制计划中的核算边界和主要排放设施一致。

——所有活动数据、排放因子及相关数据是否按照数据质量控制计划实施监测。

——监测设备是否得到了有效的维护和校准，维护和校准是否符合国家、地区计量法规或标准的要求，是否符合数据质量控制计划、《核查指南》或设备制造商的要求。

——监测结果是否按照数据质量控制计划中规定的频次记录。

——数据缺失时的处理方式是否与数据质量控制计划一致。

——数据内部质量控制和质量保证程序是否有效实施。

对不符合《核算报告指南》要求的数据质量控制计划，应列出不符合项要求重点排放单位进行整改。

对于未按数据质量控制计划获取的活动数据、排放因子、生产数据，技术工作组应结合现场核查组的现场核查情况列出不符合项，要求重点排放单位按照保守性原则测算数据，确保不会低估排放量或过量发放配额。

4.2.1.7　其他内容

除上述内容外，技术工作组在文件评审中还应重点关注以下内容：

——投诉举报企业温室气体排放量和相关信息存在的问题。

——各级生态环境主管部门转办、交办的事项。

——日常数据监测发现企业温室气体排放量和相关信息存在异常的情况。

——排放报告和数据质量控制计划中出现错误风险较

高的数据以及重点排放单位控制这些风险的措施。

——重点排放单位以往年份不符合项的整改完成情况，以及是否得到持续有效管理等。

4.2.2 现场核查要点

现场核查组应按照现场核查清单开展核查工作，并重点关注以下内容：

——投诉举报企业温室气体排放量和相关信息存在的问题；

——各级生态环境主管部门转办、交办的事项；

——日常数据监测发现企业温室气体排放量和相关信息存在异常的情况；

——重点排放单位基本情况与数据质量控制计划或其他信息源不一致的情况；

——核算边界与《核查指南》不符，或与数据质量控制计划不一致的情况；

——排放报告中采用的核算方法与《核算报告指南》不一致的情况；

——活动数据、排放因子、排放量、生产数据等不完整、不合理或不符合数据质量控制计划的情况；

——重点排放单位是否有效地实施了内部数据质量控

制措施的情况；

——重点排放单位以往年份不符合项的整改完成情况，以及是否得到持续有效管理等；

——重点排放单位是否有效地执行了数据质量控制计划的情况；

——数据质量控制计划中报告主体基本情况、核算边界和主要排放设施、数据的确定方式、数据内部质量控制和质量保证相关规定等与实际情况的一致性；

——确认数据质量控制计划修订的原因，如排放设施发生变化、使用新燃料或物料、采用新的测量仪器和测量方法等情况。

现场核查组应按照现场核查清单收集客观证据，详细填写核查记录，并将证据文件一并提交技术工作组。相关证据材料应能证实所需要核实、确认的信息符合要求。

4.3 信息公开

核查工作结束后，对技术服务机构提供的核查服务进行评价，评价过程应结合技术服务机构与生态环境主管部门的日常沟通、技术评审、核查及复核等相关情况开展。根据生态环境部的要求进行信息公开，并将公开内容报生态环境部汇总。

附件 1

核查工作流程图

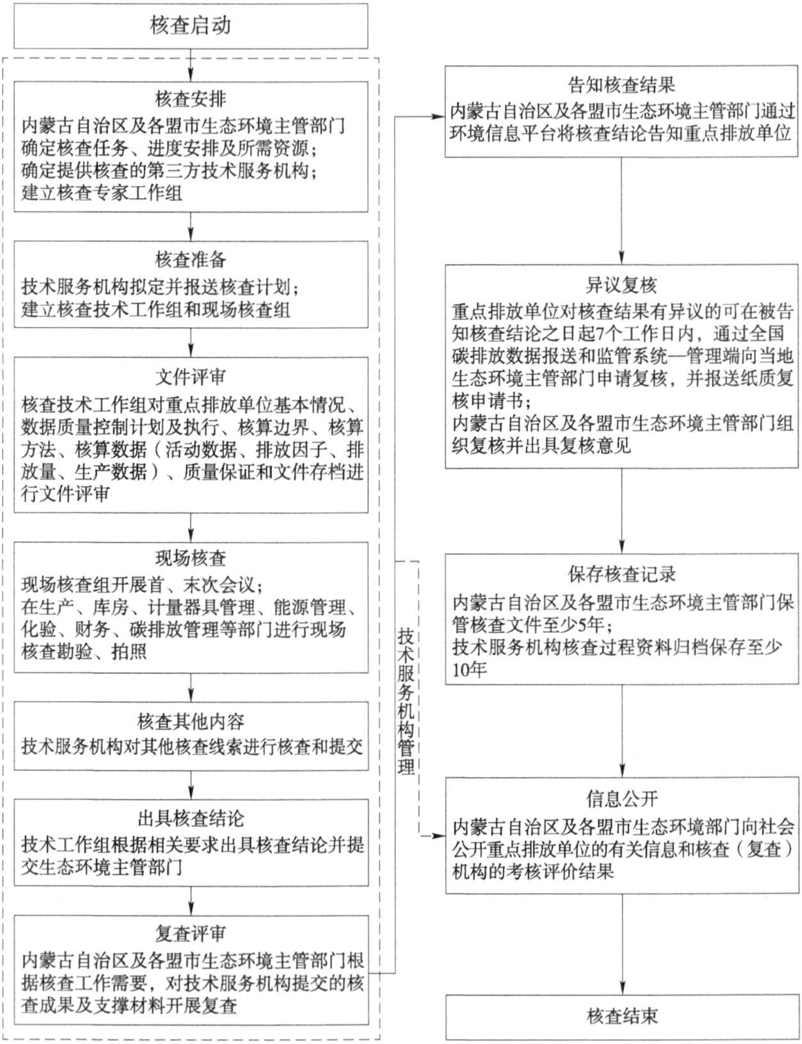
核查启动
核查安排
内蒙古自治区及各盟市生态环境主管部门确定核查任务、进度安排及所需资源；
确定提供核查的第三方技术服务机构；
建立核查专家工作组
核查准备
技术服务机构拟定并报送核查计划；
建立核查技术工作组和现场核查组
文件评审
核查技术工作组对重点排放单位基本情况、数据质量控制计划及执行、核算边界、核算方法、核算数据（活动数据、排放因子、排放量、生产数据）、质量保证和文件存档进行文件评审
现场核查
现场核查组开展首、末次会议；
在生产、库房、计量器具管理、能源管理、化验、财务、碳排放管理等部门进行现场核查勘验、拍照
核查其他内容
技术服务机构对其他核查线索进行核查和提交
出具核查结论
技术工作组根据相关要求出具核查结论并提交生态环境主管部门
复查评审
内蒙古自治区及各盟市生态环境主管部门根据核查工作需要，对技术服务机构提交的核查成果及支撑材料开展复查
技术服务机构管理
告知核查结果
内蒙古自治区及各盟市生态环境主管部门通过环境信息平台将核查结论告知重点排放单位
异议复核
重点排放单位对核查结果有异议的可在被告知核查结论之日起7个工作日内，通过全国碳排放数据报送和监管系统—管理端向当地生态环境主管部门申请复核，并报送纸质复核申请书；
内蒙古自治区及各盟市生态环境主管部门组织复核并出具复核意见
保存核查记录
内蒙古自治区及各盟市生态环境主管部门保管核查文件至少5年；
技术服务机构核查过程资料归档保存至少10年
信息公开
内蒙古自治区及各盟市生态环境部门向社会公开重点排放单位的有关信息和核查（复查）机构的考核评价结果
核查结束

附件 2

文件评审表

重点排放单位名称			
重点排放单位地址			
统一社会信用代码		法定代表人	
联系人		联系方式（座机、手机、电子邮箱）	
核算和报告依据			
核查技术工作组成员			
文件评审日期			
现场核查日期			
核查内容	文件评审记录（将评审过程中的核查发现、符合情况以及交叉核对等内容详细记录）		存在疑问的信息或需要现场重点关注的内容
重点排放单位基本情况			
核算边界			
核算方法			
核算数据			

续表

（1）活动数据		
活动数据 1		
活动数据 2		
活动数据 3		
活动数据 4		
活动数据 5		
……		
（2）排放因子		
排放因子 1		
排放因子 2		
排放因子 3		
排放因子 4		
排放因子 5		
……		
（3）排放量		
（4）生产数据		
生产数据 1		
生产数据 2		

续表

生产数据 3		
生产数据 4		
生产数据 5		
生产数据 6		
生产数据 7		
生产数据 8		
……		
质量控制和文件存档	—	
数据质量控制计划及执行		
（1）数据质量控制计划		
（2）数据质量控制计划的执行		
其他内容	—	
核查技术工作组负责人（签名、日期）：		

附件3

现场核查清单

<table>
<tr><td>重点排放单位名称</td><td colspan="3"></td></tr>
<tr><td>重点排放单位地址</td><td colspan="3"></td></tr>
<tr><td>统一社会信用代码</td><td></td><td>法定代表人</td><td></td></tr>
<tr><td>联系人</td><td></td><td>联系方式（座机、手机和电子邮箱）</td><td></td></tr>
<tr><td colspan="2">现场核查要求</td><td colspan="2">现场核查记录</td></tr>
<tr><td colspan="2"></td><td colspan="2"></td></tr>
<tr><td colspan="2"></td><td colspan="2"></td></tr>
<tr><td colspan="2">现场发现的其他问题</td><td colspan="2"></td></tr>
<tr><td colspan="2">核查技术工作组负责人
（签名、日期）：</td><td colspan="2">现场核查人员
（签名、日期）：</td></tr>
</table>

附件 4

不符合项清单

<table>
<tr><td colspan="2">重点排放单位名称</td><td colspan="3"></td></tr>
<tr><td colspan="2">重点排放单位地址</td><td colspan="3"></td></tr>
<tr><td colspan="2">统一社会信用代码</td><td colspan="2"></td><td>法定代表人</td><td></td></tr>
<tr><td colspan="2">联系人</td><td colspan="2"></td><td>联系方式（座机、手机和电子邮箱）</td><td></td></tr>
<tr><td colspan="2">不符合项描述</td><td colspan="2">整改措施及相关证据</td><td colspan="2">整改措施是否符合要求</td></tr>
<tr><td colspan="2">1.</td><td colspan="2"></td><td colspan="2"></td></tr>
<tr><td colspan="2">2.</td><td colspan="2"></td><td colspan="2"></td></tr>
<tr><td colspan="2">3.</td><td colspan="2"></td><td colspan="2"></td></tr>
<tr><td colspan="2">核查技术工作组负责人（签名、日期）：</td><td colspan="2">重点排放单位整改负责人（签名、日期）：</td><td colspan="2">核查技术工作负责人（签名、日期）：</td></tr>
</table>

附件 5

核查结论

一、重点排放单位基本信息			
重点排放单位名称			
重点排放单位地址			
统一社会信用代码		法定代表人	
二、文件评审和现场核查过程			
核查技术工作组承担单位		核查技术工作组成员	
文件评审日期			
现场核查工作组承担单位		现场核查工作组成员	
现场核查日期			
是否不予实施现场核查	□是　□否（如是，简要说明原因）		

续表

<table>
<tr><td colspan="5">三、核查发现
（在相应空格中打√）</td></tr>
<tr><td>核查内容</td><td>符合要求</td><td>不符合项已整改且满足要求</td><td>不符合项整改但不满足要求</td><td>不符合项未整改</td></tr>
<tr><td>重点排放单位基本情况</td><td></td><td></td><td></td><td></td></tr>
<tr><td>核算边界</td><td></td><td></td><td></td><td></td></tr>
<tr><td>核算方法</td><td></td><td></td><td></td><td></td></tr>
<tr><td>核算数据</td><td></td><td></td><td></td><td></td></tr>
<tr><td>质量控制和文件存档</td><td></td><td></td><td></td><td></td></tr>
<tr><td>数据质量控制计划及执行</td><td></td><td></td><td></td><td></td></tr>
<tr><td>其他内容</td><td></td><td></td><td></td><td></td></tr>
<tr><td colspan="5">四、核查确认</td></tr>
<tr><td colspan="5">（一）初次提交温室气体排放报告的数据</td></tr>
<tr><td colspan="2">温室气体排放报告（初次提交）日期</td><td colspan="3"></td></tr>
<tr><td colspan="2">初次提交报告中的排放量（tCO_2e）</td><td colspan="3"></td></tr>
<tr><td>初次提交温室气体排放报告中与配额分配相关的生产数据</td><td colspan="4"></td></tr>
</table>

续表

（二）最终提交温室气体排放报告的数据	
温室气体排放报告（最终提交）日期	
经核查后的排放量（tCO_2e）	
经核查后温室气体排放报告中与配额分配相关的生产数据	
（三）其他需要说明的问题	
最终排放量的认定是否涉及核查技术工作组的测算	□是　□否（如是，简要说明原因、过程、依据和认定结果）
最终与配额分配相关的生产数据的认定是否涉及核查技术工作组的测算	□是　□否（如是，简要说明原因、过程、依据和认定结果）
其他需要说明的情况	
核查技术工作负责人（签字、日期）：	
技术服务机构盖章（如购买技术服务机构的核查服务）	

内蒙古自治区发电行业企业温室气体排放报告复查技术指南（试行）

一、适用范围

《内蒙古自治区发电行业企业温室气体排放报告复查技术指南（试行）》（以下简称《技术指南》）依据生态环境部《企业温室气体排放报告核查指南（试行）》（以下简称《核查指南》），结合内蒙古自治区实际情况编制，《技术指南》进一步规范了发电行业控排企业温室气体排放报告和核查报告的复查依据、复查原则、复查流程和复查要点，适用于内蒙古自治区各级生态环境主管部门对2021年及今后年度发电行业排放企业温室气体排放报告、核查报告及相关数据的复查工作。

二、复查依据

——《碳排放权交易管理办法（试行）》

——《企业温室气体排放报告核查指南（试行）》

——《企业温室气体排放核算方法与报告指南 发电设施》

——《企业温室气体排放核算方法与报告指南 发电设施》（2022年修订版）

——生态环境部相关工作要求

——相关标准和技术规范

三、复查原则

（1）公平公正

复查机构应独立开展工作，如实反馈企业碳排放核算、核查报告中存在的问题，客观公正地反映温室气体排放报告的准确性和完整性。

（2）全覆盖

对控排企业温室气体排放报告及核查报告实行文件复查全覆盖，对数据存在较大问题的企业进行现场复查，并评估核查技术服务机构工作情况，确保复查及评价工作不留死角。

（3）重实效

坚持边核查、边复查、边整改、边落实，及时处理数据问题，现场复查企业发现的问题做到当场反馈；核查机构存在的问题按月反馈；控排企业对于复查反馈的问题逐条建立整改台账、制定整改措施、限期完成整改。对数据造假行为“零容忍”，一经查实，立即移送相关部门立案处理。

四、复查流程

复查流程应包括组建复查技术工作组、制定复查工作方案、书面或现场复查、复查结果告知、整改确认5个步骤。

（1）组建复查技术工作组

生态环境主管部门应根据复查任务和进度安排，要求复查机构建立一个或多个复查技术工作组（以下简称技术工作组），开展控排企业温室气体排放报告和核查报告的复查工作。

（2）制定复查工作方案

复查工作开展前应制定复查工作方案，明确工作任务、工作内容、完成时限及各方的责任义务。

（3）书面或现场复查

技术工作组应根据《核算报告指南》及相关技术规范，对核查技术服务机构提交的文件评审表、现场核查清单、不符合项清单、核查结论及重点排放单位排放报告、数据质量控制计划等支撑材料进行书面复查。对存在较大数据问题的企业开展现场复查。

技术工作组可根据复查工作需要，查看重点排放单位提交的相关支撑材料，如组织机构图、厂区分布图、工艺流程图、设施台账、生产日志、监测设备和计量器具台账、支撑报送数据的原始凭证、数据内部质量控制和质量保证相关文件和记录，以及核查技术服务机构提交的其他相关支撑材料等。

（4）复查结果告知

技术工作组应在书面复查后出具复查结果告知通知单，告知相关企业、核查机构，抄送内蒙古自治区及各盟市生态环境主管部门。核查技术服务机构应于收到复查结果告知通知单5个工作日内会同相关企业进行整改，整改结果报送各级生态环境主管部门及复查机构。

（5）整改确认

技术工作组应根据整改情况，对企业温室气体排放报告、核查报告进行最终确认，并会同内蒙古自治区及各盟市生态环境主管部门对核查技术服务机构工作质量进行评估。

五、复查要点

（1）核查工作及成果的规范性

核查机构应在文件评审和现场核查完成后，填写并提交文件评审表、现场核查清单、不符合项清单、核查结论，核对整改后的排放报告、数据质量控制计划。

要求：核查机构的工作成果应符合相关要求，格式规范、内容详尽。

（2）重点排放单位基本信息

排放报告与数据质量控制计划等证据文件中的排放单位基本信息应保持一致、重要信息完整。对排放报告、数据质量控制计划等证据文件中内容不一致的，核查机构应在文件评审表或现场核查清单中完整识别。

（3）核算边界的准确性

排放报告、数据质量控制计划等证据文件中的排放单位核算边界应保持一致。对排放报告、数据质量控制计划等证据文件中内容不一致的，核查机构应在文件评审表或现场核查清单中完整识别。

1）排放报告与数据质量控制计划、证据文件中的核算边界信息是否一致，包括排放源、排放设施；

2）纳入核算和报告边界的排放设施和排放源是否完整；

3）是否对核算边界与上一年度的变化情况进行描述。

要求：应准确识别发电行业企业纳入机组类型、装机容量、冷却方式。

（4）活动水平数据的确定

文件评审表或现场核查清单中应描述每项活动水平数据的核查过程：

1）对每项活动水平数据都进行核查，不得有遗漏项；

2）活动水平数据的核查过程应符合《核算报告指南》的相关要求，核查的内容包括活动数据的数据值、单位、数据来源、监测方法，煤样采样、制样、化验要求及相关记录（实验室化验数据涉及）、监测频次、记录频次、数据缺失处理（如适用）、数据交叉验证、监测设备、监测设备校验情况等内容；

3）如果活动水平数据的核查采用了抽样的方式，核查机构应在核查成果文件中详细报告样本选择的原则、样本数量及抽样方法等内容；

4）核查机构应将每个活动水平数据与其他数据来源进行交叉核对，若排放单位无法提供交叉核对数据，需在报告中说明。

要求：①燃煤消耗量数据来源的优先顺序选择正确；②计量器具按时校验；③燃煤煤质采样、检测合规；④净购入电力统计正确。

（5）排放因子的确定

文件评审表或现场核查清单中应描述每项排放因子数据的核查过程（对每个排放因子数据都要进行核查，不得有遗漏项）。

应注意以下几点：

——每月样品采集之后应于规定时间内（当年 4 月至次年 3 月应在样品采集后的 30 个自然日内，次年 4 月以后应在样品采集后的 40 个自然日内）完成对该月样品的检测并出具报告，可查验送检记录与检测报告日期是否符合要求。

——分样日期、送样日期是否以自然月为周期，如有跨月煤样，不能将跨月数据代替自然月数据计算。次年 4 月以后样品检测报告应同时包括样品的元素碳含量、低位发热量、氢含量、全硫、水分等参数的检测结果。

——自行检测的，现场查验元素分析仪和操作记录，报告结果应为元素碳含量，相关要求与燃煤低位发热量类似。次年 4 月以后样品自行检测结果也应由通过 CMA 认定或 CNAS 认可且认可项包括元素碳含量的实验室出具，检测报告应盖有 CMA 资质认定标志或 CNAS 认可标识章。委托检测的，检测机构 / 实验室应具备 CMA 或 CNAS 资质。

（6）生产相关数据的确认

文件评审表或现场核查清单中应描述每项生产相关数据的核查过程。

发电行业的生产相关数据包括供电量、供热量、负荷（出力）系数、供热比等参数，应核查其数据来源与企业统计台账及原始统计记录是否一致，获取或计算方法是否符合《技术指南》要求。

（7）对数据质量控制计划的复查

1）数据质量控制计划的符合性

文件评审表或现场核查清单应确认排放单位数据质量控制计划与当年情况的符合性：排放单位的基本信息是否准确，核算边界的描述是否真实；是否对核算所需要的各项活动数据、排放因子和生产数据的计算方法进行了核查，各项信息是否真实、准确、符合企业实际情况并满足《核算报告指南》的要求。

2）数据质量控制计划的执行

文件评审表或现场核查清单应对排放单位的数据质量控制计划的执行情况进行核查。

（8）内部管理制度建立情况

文件评审表或现场核查清单应对重点排放单位的质量保障和文件存档执行情况进行核查。